KB275597

The way to the North

The way to the North

초판 1쇄 2016년 8월 1일

글과 사진 신혜림
발행인 유철상 **기획** 황유라
책임편집 황유라 **디자인** 서은주 **마케팅** 조종삼, 조윤선

펴낸 곳 상상출판 **등록** 2009년 9월 22일(제305-2010-02호) **주소** 서울시 동대문구 정릉천동로 58, 103동 206호(용두동, 롯데캐슬피렌체)
전화 02-963-9891, 070-8886-9892 **팩스** 02-963-9892 **전자우편** cs@esangsang.co.kr
블로그 blog.naver.com/sangsang_pub **페이스북** /sangsangpub **인스타그램** /sangsang.publishing

ISBN 979-11-86517-82-6(13980)
© 신혜림 2016

이 도서의 국립중앙도서관 출판예정도서목록(CIP)은 서지정보유통지원시스템 홈페이지(http://seoji.nl.go.kr)와
국가자료공동목록시스템(http://www.nl.go.kr/kolisnet)에서 이용하실 수 있습니다. (CIP제어번호 : CIP2016016711)

The way to the North

북쪽으로 가는 길

신
혜
림

'빛'을 카메라에 담는 사진작가. 때때로 여행가.
매일 매일 사진을 찍는다. 그녀 자신을 찍고, 누군가를 찍고,
눈앞에 놓인 사물을 찍고, 발 닿는 곳곳을 찍고, 펼쳐진 풍경을 찍는다.
손에는, 가방에는 항상 카메라가 있다. 그렇게 찍어온 게 벌써 10년.
피사체에 대한 애정이 가득 담긴 그녀의 사진은 특유의 몽환적인 분위기와
아날로그 감성으로 보는 이들에게 짙은 여운을 남긴다.

평범해 보이는 일상도 카메라를 눈앞에 가져다대기만 하면 늘 새롭고
아름다운 것으로 가득 차 있어 사진을 찍는 매 순간이 행복하다는 그녀.
자신의 사진으로 많은 사람들이 위로받고 따뜻해지기를 바라면서
평생 사진과 함께 살아가기를 꿈꾼다.

–

blog www.shinhyerim.com
instagram /adricia_
pholar www.pholar.co/my/695488/profile

1

2009, 여름

쨍하게 내리쬐는 여름의 열기를 뒤로하고 향한 노르웨이.
비행기에서 내리자마자 느껴지는 공기가 나를 들뜨게 했다.
살짝 몸이 떨릴 정도의 기온도 설렘으로 다가왔다.

눈앞에 쏟아지는 노란색 빛, 건조하고 차가운 공기,
저 멀리 보이는 푸른 나무, 진득한 색감의 건물까지.
미술작품에서나 볼 법한 풍경들이 눈앞에 펼쳐져 있는 이곳.

나는 망설일 것 없이 마음에 동하는 장면들을
렌즈로 서걱, 베어내 보았다.

Velkommen til Norway!

FLY SMART
FLY SMART

OSLO
Velkommen til Oslo Lufthavn
Welcome to Oslo Airport

70

너
에
게

친구야.

예술이 뭔지,
사랑은 어떤 건지,
삶은 어떻게 살아가야 하는지.

정답 없는 그것들을 아름답게 바라보고 싶어서
고민하는 시간들이
오늘 또한 스쳐 지나가.

00 - 06
(00 - 06)
00 - 06

철이 든다는 것

사람들이 실망하지 않기 위해 노력하는 나를 봤다.

친구는 드디어 내가 철이 들었다고 했다.

감사의 기도

그래도 감사합니다.

늘 감사합니다.

범사에 감사합니다.

2
—

2015, 여름

6년 후, 다시 찾은 노르웨이.
비행기가 착륙하고 공항에 들어서면서 그리움과 익숙함이 느껴졌다.

머리칼을 스치는 시원한 공기도,
금발에 푸른 눈을 가진 이곳 사람들도,
그리고 여름 내내 해가 지지 않는 백야도.

6년 전에는 스마트폰도 없었으면서 지도와 무거운 여행책을 들고 다니며
갈 곳은 다 갔었구나 하는 생각도 들고.

이전보다 한결 가벼운 마음으로
변한 곳과 변하지 않은 곳,
기억을 더듬으며 새로 바라보는 이곳이 좋았다.

다시 만나서 반가워.

윤슬

<hr>

물이 빛을 받아 반짝이는 장면을 좋아해요.

KNUT SKURTVE
BRYGGEN HUSFLID
JULEHUSET
30

There are a lot of good people around

바람이 다가올 때

이따금 코로 훅 하고 들어오는 자연의 향기가 놀랄 만큼 좋아서
이 향을 어딘가에 담아 누군가와 공유할 수 있다면
하고 생각해본다.

황홀경

필름 사진을 보고 있으면 문득 그런 생각이 든다.

눈에 보이진 않지만
공기 중에 있는 입자 하나하나가
전부 다른 색을 가지고 있어서
내가 볼 수 없는 색감들에 휩싸여 있는 느낌.

그 풍부한 색감 가운데서
어쩔 줄 모르며 행복해하는 나는,
역시 필름 사진이 아니면 안 된다.

Dancing flowers

BAKERI
BAKERI
RO HOTEL

작은 행복

고급 레스토랑에서 비싸지만 맛있는 음식이 먹고 싶어.
오늘 옷가게에서 걸쳐본 옷은 정말 예뻤지만 가격은 예쁘지 않았지.
여행하고 싶은 곳을 줄줄이 적어봤는데 리스트가 너무 많아!
아침 일찍 일어나는 건 정말 피곤해.

난 갖고 싶은 것도 많고 하고 싶은 것도 너무나 많은데
이 모든 걸 하기엔 매일이 무력하고 부족한 삶을 살아가는 것 같아.

하지만 다시 생각해보면 얼마나 많은 것을 누리고 있는지.

오늘 하루도 끼니를 챙길 수 있음에 감사합니다.
내 방 옷장에 내가 좋아하는 옷들이 걸려 있음에 감사합니다.
내가 사는 이곳의 아름다움을 매일 누릴 수 있음에 감사합니다.
오늘 하루도 눈을 떠 새 삶을 살아갈 수 있음에 감사합니다.

위
로

사진을 시작한 지 10년이 됐다.
그때와 지금은 삶을 대하는 태도나 생각도 많이 달라지고
해를 거듭할수록 사진에서 묻어 나오는 색감과 정서도 변하고 있지만

사진이 정말 좋은 건
내가 그렇게 변하는 과정을 스스로 알 수 있다는 것이다.

내가 나에 대해 점점 더 알아가고
나를 사랑할 수 있는 마음이 생기는 것.
스스로 위로할 수 있는 용기가 생기는 것.

WATER

노르웨이 향수

아무리 좋은 곳을 다니고 좋은 풍경을 봐도
여행이 끝나갈수록 증폭되는 아쉬움은 어쩔 수 없나 보다.

다음에 또 오게 된다면 그때는 렌트카를 빌려야지.
가고 싶은 곳, 보고 싶은 풍경들 모두 실컷 누리며 다니고 싶어.

나의 소중한 순간들을 담아